RAPPORT

FAIT AU NOM D'UNE COMMISSION

NOMMÉE

PAR LA CLASSE DES SCIENCES

MATHÉMATIQUES ET PHYSIQUES.

RAPPORT

FAIT AU NOM DE LA COMMISSION

NOMMÉE

PAR LA CLASSE DES SCIENCES

MATHÉMATIQUES ET PHYSIQUES,

Pour l'examen de la méthode de préserver de la petite vérole par l'inoculation de la vaccine.

~~~~~~~~~~~~~~

PARIS.

BAUDOUIN, IMPRIMEUR DE L'INSTITUT NATIONAL.

GERMINAL AN XI (1803).
~~~~~~~~~~~~~~

RAPPORT

Fait au nom de la commission nommée par la classe des sciences mathématiques et physiques, pour l'examen de la méthode de préserver de la petite vérole par l'inoculation de la vaccine.

~~~~~~~~~~~~~~~~~~~

La commission que l'Institut a nommée dans son sein pour vérifier les effets de la méthode de préserver de la petite vérole par l'inoculation de la vaccine, après avoir pris connoissance d'épreuves de divers genres et de faits dont une grande partie se sont passés sous ses yeux, après avoir réuni les résultats de l'expérience propre de chacun de ses membres, croit avoir acquis sur cet objet important toutes les lumières nécessaires pour fixer son opinion, et la soumettre à la classe des sciences physiques et mathématiques de l'Institut national.

Elle parlera des moyens dont on s'est servi pour introduire et propager cette pratique en France, des soins qu'on a pris pour en surveiller les résultats, et s'assurer de sa réussite ; elle donnera une description de la pustule qui caractérise la vraie vaccine, et lui comparera celle qui n'appartient qu'à la vaccine fausse ; elle donnera une idée des faits principaux qui, dans quelques
~~~~~~~~~~~~~~~~~~~

cas, ont fait élever des doutes sur sa propriété préservative ; enfin elle donnera quelques aperçus sur les phénomènes, soit immédiats, soit consécutifs, qui accompagnent ou suivent quelquefois la vaccine, en font connoître les variétés, donnent lieu de soupçonner son influence sur la constitution des individus, et ses rapports
avec les diverses dispositions qui peuvent exister alors, ou
se manifester ensuite chez eux. Ainsi elle espère faire
aisément juger jusqu'à quel point cette opération doit
être regardée non seulement comme préservative, mais
encore comme exempte de dangers.

Introduction de l'inoculation de la vaccine en France.

L'histoire de la découverte de la vaccine est con-
nue. On sait qu'à *Berkeley* dans le *Glocestershire*, une
tradition populaire avoit accrédité l'opinion singulière
que les personnes qui, par le contact du pis des vaches
attaquées d'une maladie appelée *cowpox*, avoient contracté des pustules, se trouvoient par cela même à l'abri
de la contagion variolique. On a découvert depuis qu'à
l'occasion d'une maladie semblable, la même opinion
s'étoit établie parmi les fermiers de quelques parties du
Holstein, de la *Lombardie* et de plusieurs autres lieux
du continent. On a prétendu qu'en *Irlande* il est des
contrées où les fermiers mènent leurs enfans à la vache
pour leur faire manier le pis et les pustules de ces ani-
maux, et les préserver ainsi de la petite vérole.

Personne n'ignore que cette opinion, resserrée d'abord

dans les limites de quelques pays où le *cowpox* se montre
à divers intervalles, n'avoit attiré l'attention d'aucun
observateur jusqu'au moment où Jenner en fut instruit.
Il crut qu'une tradition populaire n'étoit pas indigne
des regards d'un philosophe. C'est en 1795 et dans les
années suivantes qu'il s'est convaincu par l'expérience
que les personnes qui ont contracté des pustules par le
contact du *cowpox* ne peuvent point recevoir la contagion variolique, que l'inoculation de la petite vérole
n'a sur eux aucun effet, et que la liqueur contenue dans
leurs pustules, transmise par inoculation à d'autres personnes, les fait jouir du même avantage (1).

Les expériences du docteur Pearson, médecin de l'hôpital Saint-George, et celles du docteur Woodville,
médecin de l'hôpital des inoculés à Londres, ont confirmé celles du docteur Jenner, et sont connues de tous
ceux qui ont fait quelque attention à cette importante
découverte.

Ce fut alors que les auteurs de la *Bibliothèque bri-
tannique* (2) firent connoître ce nouveau moyen de préservation, qui déja avoit été éprouvé à *Vienne* au moyen
de fils imprégnés de la liqueur, et envoyés d'Angleterre.
Cependant les premières expériences faites à *Genève* avec
des fils ou des toiles envoyés de Vienne, donnèrent lieu
à des pustules dont la nature et la progression n'avoient

---

(1) Ed. Jenner a publié son ouvrage en 1798, sous ce titre : *An inquiry
into the causes and effects of variolæ vaccinæ*, in-4°.

(2) *Bibliot. Britann.* t. IX, des sciences et des arts, p. 258 et 367.

pas une ressemblance exacte avec la description donnée
par les Anglais. La même différence se manifesta dans
les premiers essais faits à Paris avec de la matière que
le citoyen Aubert, médecin à Genève, avoit apportée
de Londres, dans un voyage entrepris exprès, et qui fut
essayée sous les yeux du citoyen Pinel. On se méfia du
résultat de ces premières épreuves, et dès-lors on com-
mença à reconnoître les caractères de la fausse vaccine.
Enfin le docteur Woodville, arrivé d'Angleterre (1),
inocula d'abord quelques enfans à Boulogne-sur-mer; et
la vaccine, apportée ensuite à Paris, s'y est développée
sous les yeux de cet inoculateur, et ne s'est plus perdue
depuis.

Il y avoit déja plusieurs mois alors (2) que le citoyen
Liancourt avoit imaginé d'ouvrir une souscription, et
de former un comité pour vérifier les effets résultans
de la nouvelle inoculation. C'est à cette institution bienfaisante, au patriotisme de son fondateur, au zèle in-
fatigable du citoyen Thouret, président de ce comité,
à l'activité du citoyen Husson son secrétaire, et au désintéressement de tous ses membres, qu'on doit le succès,
la propagation et la conservation de la vraie vaccine en
France. On a de plus réussi à reproduire sur la vache
une pustule semblable à celle de la maladie primitive,
par l'inoculation du vaccin pris sur l'homme; et cette
opération, tentée d'abord à Reims, répétée ensuite à

____

(1) Au mois de thermidor an 8.
(2) Au mois de germinal an 8.

Paris, et suivie d'un plein succès, assure parmi nous la conservation de cette précieuse matière dans toute sa pureté (1). Si l'opinion du docteur Jenner sur l'identité de nature entre le cowpox et le *grease*, ou les *eaux aux jambes* dans les chevaux, se confirme par de nouvelles expériences (2), on aura une assurance de plus de conserver ce précieux préservatif.

Plus de deux cents enfans, pris dans les hospices de Paris, furent d'abord soumis à cette inoculation ; et plusieurs d'entre eux ayant été ensuite, ou exposés à la contagion variolique, ou soumis à l'inoculation de la petite vérole, on eut dès-lors une première preuve convaincante de la réalité de cette propriété préservative que l'on attribuoit à la vaccine. Le comité fit connoître ces premiers succès dans des annonces insérées dans les journaux, au mois de thermidor an 8, le 28 vendémiaire de l'an 9, et le 20 brumaire suivant. C'est alors que deux d'entre nous, se croyant assez convaincus par des faits de la vérité desquels ils s'étoient assurés, firent inoculer la vaccine à leurs enfans. L'épouse d'un autre de nos confrères et son enfant furent soumis bientôt après à la même opération, et le succès fut accompagné de circonstances qui sont dignes d'attention, et dont nous parlerons dans un autre lieu. Depuis ce temps nous n'avons cessé de prendre

---

(1) Le citoyen Valentin, médecin de Nancy, annonce avoir fait avec succès de pareilles tentatives, non seulement sur la vache, mais encore sur les chèvres et les brebis. (Voyez *Résultats de l'inoculation de la vaccine.* Nancy, 1802, p. 85.)

(2) Voyez les *Expér.* de J. G. Loy, *Bibliot. Britann.* t. XXI, p. 377.

connoissance des travaux entrepris par les membres du comité, et de nous informer ou de nous assurer de leurs résultats ; nous avons assisté aux épreuves les plus capables de constater la propriété préservative de cette nouvelle inoculation, et nous n'avons pas négligé de nous mettre à même de juger de la solidité des objections que l'on pouvoit appuyer sur des faits annoncés comme contradictoires. Nous ne nous sommes cependant point unis par les liens de l'association à ce comité, et par cela même demeurant étrangers à ses succès et à sa gloire, nous sommes restés témoins impartiaux, autant que nous pouvions l'être dans un objet de cette importance, de tout ce qui se passoit autour de nous.

Moyens employés pour vérifier les propriétés de cette inoculation.

LES enfans vaccinés sous les yeux de ce comité étoient alors au nombre de deux cents, et vingt-sept d'entre eux avoient été soumis ensuite à l'inoculation de la petite vérole sans avoir contracté cette maladie. Les souscripteurs pouvoient donc déja prendre confiance dans les épreuves qu'ils avoient faites, et dont le succès les encourageoit à propager cette utile pratique. Tous les gens de l'art furent invités à en prendre connoissance ; elle fut adoptée par un grand nombre de familles ; elle fut répandue dans tous les quartiers de la ville, et éprouvée sur des sujets de tout âge, de tout sexe, de toute constitution et en tout état de santé. Les comités de bienfaisance de toutes les sections, et les officiers de santé attachés dans chaque arrondissement au service des indigens, offrirent par-tout aux pauvres la jouissance des avantages de cette nouvelle inoculation, dont la pratique devint bientôt familière et aux médecins et aux citoyens de toutes les classes. Le comité tenoit un grand nombre de procès-verbaux, dans lesquels étoit consignée la description exacte de toutes les inoculations qui se faisoient sous sa direction, s'occupoit de la vérification de tous les faits qui faisoient naître quelque prévention ou quelque doute, et par-tout il obtenoit la confirmation des espérances qu'il avoit conçues.

Enfin il sentit que, pour le bien de ses propres observations, pour faciliter les moyens de propager cette nouvelle pratique, pour assurer aussi la pureté du levain qui devoit opérer la préservation, il lui falloit avoir à sa disposition un hospice dont la direction fût confiée à des personnes intelligentes et actives, et qui fût sous la surveillance de ses membres. Le préfet de la Seine, sur la demande du comité, consacra l'hospice du Saint-Esprit à cette utile destination : dès-lors on put, avec toutes les précautions convenables, envoyer en divers endroits de la France du virus vaccin. On a toujours eu soin de le renfermer entre deux glaces bien dressées, et dont les joints étoient extérieurement bien clos avec de la cire, et par conséquent autant à l'abri de l'action de l'air qu'il étoit possible. Les moyens employés depuis par la société de Milan ont peut-être quelque avantage sur celui-là ; néanmoins cette manière de transmettre la

liqueur de la vaccine a eu entre les mains du comité assez
de succès pour être le plus souvent suivi de tout l'effet
que l'on pouvoit desirer : par-là le comité est devenu
le centre d'une correspondance très-active qui lui a
procuré beaucoup de résultats importans.

Bientôt les différentes autorités , les administrations
des hospices, les conseils de département, les préfets
et les maires , témoins de ces succès, en ont instruit
le ministre de l'intérieur , et leurs rapports , communiqués au comité , lui ont donné de nouvelles occasions
de recueillir des témoignages dont l'authenticité devenoit irrécusable.

Dès-lors on conçoit que la masse des faits , tant de
ceux qui se sont développés sous les yeux des membres
du comité, que de ceux qui ont été réunis de tous les
points de la France, a dû former une somme considérable d'observations, desquelles résulte la preuve expérimentale la plus décisive qu'on puisse jamais desirer.

Tels sont les moyens qu'on a employés pour arriver
à une démonstration aussi complète qu'on puisse l'obtenir. Nous allons rendre compte des principaux résultats
de ces recherches, mais nous les exposerons ici sommairement ; il faut laisser au comité , qui a mis tant de zèle
et de désintéressement dans cet utile et grand travail,
la gloire d'en développer les détails, et d'en présenter un
tableau achevé.

Description de la vaccine, et distinction de la vraie d'avec la fausse.

Le vaccin, ou la liqueur prise, soit au pis de l'animal, soit dans le bouton qui a été le résultat d'une première inoculation, étant inséré de quelque manière que ce soit sur un sujet disposé à le recevoir, reste le plus communément trois jours environ sans qu'aucun symptôme apparent manifeste son existence. Au bout de ce temps, et quelquefois plus tard, l'endroit de la piqûre s'élève, devient rouge ; une vésicule se forme au sommet de cette rougeur, mais le milieu de cette vésicule reste adhérent et enfoncé, tandis que la circonférence se soulève en une phlyctène autour de ce centre déprimé. La vésicule qui forme cette phlyctène ne ressemble pas à celles des phlyctènes ordinaires. Dans les phlyctènes communes, l'épiderme se détache entièrement du tissu de la peau, et renferme, dans la cavité que produit son soulèvement, une liqueur séreuse, lymphatique, trouble, avec quelques variétés dépendantes de circonstances particulières. Dans la vaccine, la vésicule circulaire est celluleuse, et, quand on la considère de près, on aperçoit extérieurement les légères inégalités que les intersections celluleuses y produisent. La liqueur qui la remplit est constamment limpide, incolore et de la plus parfaite transparence ; elle est de consistance gommeuse, plus ou moins coulante, suivant des circonstances dépendantes de l'individu sur lequel la pustule se forme, mais tou-

jours visqueuse comme de l'eau gommée, se séchant
absolument de la même manière qu'une gomme très-pure.
Lorsqu'on incise la vésicule, elle ne se forme en goutte
à l'ouverture que très-lentement, et ne s'écoule que du
lieu même de l'incision et des cellulosités les plus pro-
ches, mais non de la totalité de la vésicule, comme il
arrive dans les autres phlyctènes.

Lors de la formation du bouton de la vaccine, on ob-
serve ordinairement un petit mouvement de fièvre, ou
au moins une augmentation singulière dans la vivacité
des mouvemens et de toutes les actions de l'individu,
ce qui sur-tout est remarquable chez les enfans. Le des-
sous des aisselles devient douloureux. Le bouton formé,
le calme se rétablit et dure jusqu'au moment où une
aréole rouge doit paroître autour du bouton. C'est ce
qui arrive le huitième jour, à dater de l'insertion, quand
le bouton s'est annoncé le quatrième. Alors on éprouve
souvent un accès de fièvre qui dure vingt-quatre heures;
un cercle rouge entoure la pustule, il s'étend assez loin,
et est souvent doublé par un autre cercle qui lui est
extérieur, et qui en est distinct : c'est-là ce qu'on appelle
l'aréole. Sous cette aréole, la peau est profondément
engorgée et renitente. Bientôt la liqueur contenue dans
la pustule devient moins limpide, l'engorgement se ré-
sout et se dissipe. Du centre déprimé du bouton la dessiccation s'étend progressivement à toute phlyctène et à toute
l'humeur qu'elle contient. Enfin cette liqueur conso-
lidée, et faisant corps avec l'épiderme qui la recouvroit,
se durcit, et forme une croûte brune, lisse et luisante qui

adhère à la peau , et ne se détache que du quatorze au dix-huitième jour , laissant l'empreinte d'une légère cicatrice circulaire , qui reste au niveau de la peau , et ne s'efface point, ou très-tard.

Telle est la description de la véritable vaccine , telle qu'elle s'est constamment présentée à nous toutes les fois que nous l'avons observée. La fausse ne présente pas le même aspect.

Il paroît qu'on peut rapporter à deux cas les circonstances dans lesquelles le développement de la vaccine peut manquer de se faire , et dans lesquelles aussi la fausse vaccine peut se montrer à la place de la véritable. Le premier cas est celui où la personne vaccinée , soit parce qu'elle a eu la petite vérole , soit par toute autre cause que ce soit, se trouve inapte à recevoir cette inoculation. Le second est celui où la matière insérée est prise dans des circonstances défavorables , et se trouve altérée d'une manière quelconque dans sa nature et dans ses propriétés essentielles. Très-souvent dans l'un et l'autre cas l'inoculation de la vaccine ne produit aucun effet, mais souvent aussi elle en produit un sensible , qui n'est pas celui que l'on desire , et qui peut en imposer par des apparences trompeuses. Cet effet se présente sous deux formes différentes. La première, qui ne mérite pas le nom de fausse vaccine , offre les phénomènes suivans. Le lendemain de l'insertion, il se forme une rougeur , une démangeaison, et même on sent de la douleur aux aisselles. La rougeur va croissant jusqu'au quatrième jour. Le lieu qui répond à la piqûre s'élève en pointe et se cou-

ronne à peine d'une vésicule très - petite. La rougeur
tombe ensuite et tous les symptômes s'évanouissent. Il
seroit très-difficile de tirer aucune liqueur de l'extrémité
de ce bouton, et l'on ne peut guère supposer qu'on s'en
soit jamais servi pour inoculer. C'est pourquoi nous
croyons qu'on peut refuser à cet exanthème le nom de
fausse vaccine. Il ne peut en imposer dans son état de
perfection, et, avant cet état même, la différence abso-
lue entre sa marche et celle de la vaccine ne peut guère
permettre d'illusion. La fausse vaccine au contraire est
vraiment une pustule : mais voici comme elle se distingue
de la vaccine véritable. Elle débute, dès le second jour
de l'insertion, par une véritable inflammation, à laquelle
succède bientôt une vésicule ; mais celle-ci est irrégu-
lière, mal arrondie, saillante dans son milieu comme
dans son contour, n'est point partagée en cellules, ni
formée en bourrelet circulaire, et contient une liqueur
lymphatique trouble, et prenant la nature d'un pus icho-
reux. Elle ne se sèche pas en totalité comme la liqueur
gommeuse de la vraie vaccine. Enfin c'est véritablement
un petit ulcère. Sa liqueur inoculée reproduit de la fausse
vaccine, et peut ainsi, par des résultats toujours semblables, mais toujours trompeurs, inspirer une sécurité
malheureuse à ceux qui n'ont point appris à reconnoître la
vraie vaccine par ses caractères distinctifs. Plusieurs variétés de la fausse vaccine ont été observées ; mais comme
le comité central en a fait une étude particulière, et a
recueilli, à ce sujet, une série d'observations complètes,
nous ne nous occuperons pas de rechercher ici ces varié-

tés, que nous ne pourrions pas décrire toutes d'après nature. Mais la différence essentielle de la vraie et de la
fausse vaccine est dans la propriété préservative de la
petite vérole. C'est sous ce point de vue que les observations de l'une et de l'autre deviennent d'une grande
importance.

Preuves de la propriété préservative de la vaccine.

La question est celle-ci : *Toutes les fois que le vaccin
inoculé a été suivi de la formation de la pustule carac-
téristique de la véritable vaccine, telle que nous l'a-
vons décrite ci-dessus, la personne sur laquelle cette
pustule s'est développée se trouve-t-elle par cela même
à l'abri de la petite vérole ?*
Déja, comme nous l'avons dit, l'opinion populaire
avoit prononcé à cet égard, dans les lieux où régnoit
originairement le *cowpox ;* déja le docteur *Jenner* avoit
vérifié ce fait par des épreuves dont les résultats se sont
trouvés conformes à cette opinion ; déja *Jenner* lui-même,
Pearson, *Woodville* avoient annoncé que le virus de
la vaccine, transmis d'individu en individu, conser-
voit la propriété de produire une pustule perpétuelle-
ment identique et jouissant également de la propriété
préservative, et déja, comme nous l'avons dit, les essais
faits en France avoient donné lieu à des conséquences
pareilles. Indépendamment de toutes ces preuves et de
celles qui se sont également multipliées en Allemagne,
à Genève, en Italie, la série de toutes les observations

faites en France depuis plus de deux ans, a encore été, autant qu'il étoit possible, complétement recueillie par le comité central de la vaccine. Mais nous ne parlerons ici que de celles qui, nous étant particulièrement connues, suffisent pour donner une idée générale de la nature de ces preuves, et des motifs qu'on a de regarder comme incontestable le succès de cette inoculation.

Les preuves que l'on a acquises de la propriété préservative de la vaccine peuvent se diviser, 1°. en preuves spontanées et naturelles, résultantes de la cohabitation et de l'intime réunion des individus vaccinés avec ceux qui sont attaqués de la petite vérole, de manière que les premiers soient environnés de toutes les conditions les plus puissantes de la contagion; 2°. en preuves artificielles ou obtenues au moyen de l'inoculation même de la petite vérole, pratiquée sur des enfans antérieurement vaccinés; 3°. en preuves résultantes de l'observation des épidémies varioliques les plus universellement répandues.

Plusieurs fois on a fait coucher des enfans vaccinés avec des enfans attaqués de la petite vérole, et cette maladie ne s'est communiquée dans aucun des essais de ce genre, dont on a pu faire une vérification exacte. En voici un exemple bien remarquable dont nous avons eu une connoissance particulière, dont nous avons fait part au comité, et qu'il a été dans le cas de vérifier. Le citoyen Foucault, vigneron à Nogent-sur-Seine, avoit six enfans : trois furent envoyés à Paris pour être vaccinés, et le furent avec succès ; les trois autres, pour des raisons particulières, ne le furent pas. La petite

vérole se répandit dans la ville; les trois enfans non
vaccinés en furent atteints, et couchant tous ensemble
dans la même chambre et dans les mêmes lits, les enfans
vaccinés ne cessèrent d'être en contact avec leurs frères:
aucun ne fut pris de la petite vérole. L'un de ceux-ci,
couvert du pus des pustules de son frère, auprès duquel
il dormoit, fut pris de douleurs de tête, de nausées et
de fièvre, et ces accidens qui faisoient craindre la
petite vérole s'évanouirent sans aucune éruption, quoique ces symptômes parussent des signes peu équivoques
d'une profonde impregnation du virus variolique. Le
citoyen Huzard a vu ses propres enfans antérieurement
vaccinés, mêlés à un grand nombre de leurs camarades
attaqués d'une petite vérole épidémique, sans en
éprouver la moindre atteinte. De pareilles observations
ont été faites à l'hospice des enfans de la Patrie (ci-
devant de la Pitié), sous les yeux du citoyen Jadelot,
médecin de cette maison, et cette cohabitation contagieuse n'a donné lieu, dans aucun enfant vacciné, au
développement de la petite vérole.

On a pratiqué en différens lieux l'inoculation de la
petite vérole sur un grand nombre d'enfans qui précédemment avoient reçu la vaccine. Nous ne citerons,
parmi les épreuves de ce genre, que celles qui ont été
faites d'une manière authentique à Paris, et même sous
nos yeux. Nous avons déja dit que le comité avoit com-
mencé à se convaincre de la propriété préservative de
la vaccine, en inoculant la petite vérole à vingt-sept
enfans qui précédemment avoient éprouvé la vaccination,

et que ce fut alors qu'il annonça avec confiance l'utilité
de la nouvelle pratique. Nous avons été témoins, ainsi
qu'un grand nombre de médecins de la capitale, d'une
épreuve faite à l'école de médecine sur cent deux enfans,
dont plusieurs avoient été vaccinés dix-huit mois au-
paravant. De ces cent deux enfans, aucun n'a pris la petite
vérole, quelque soin qu'on ait mis à rendre l'inoculation
complète, en enchérissant sur les précautions que l'on
prend ordinairement pour assurer le succès de l'inoculation variolique. Parmi ces enfans, dix-huit seulement
ont éprouvé dans le lieu de la piqûre une inflammation
locale, et quelques-uns une suppuration telle qu'il en
arrive souvent lorsqu'on essaie d'inoculer une personne
qui a eu la petite vérole, ou de réinoculer après une
première inoculation. Ce travail local n'est que l'effet
naturel de l'introduction plus ou moins profonde d'un
corps étranger et de l'irritation qu'il excite dans le tissu
cutané. Il arrive même quelquefois que le pus ainsi in-
troduit, repris dans le bouton auquel il a donné nais-
sance et dont il occupe le centre, est encore capable
de communiquer la petite vérole par le moyen de l'insertion.

Enfin, dans les épidémies où les causes invisibles de
la contagion semblent environner tous les habitans d'une
contrée, et les menacer tous d'un sort égal, on a vu
constamment les individus vaccinés échapper à ce fléau,
et souvent y échapper presque seuls. Tous les rapports
des préfets dans les départemens où ont régné les épidémies varioliques les plus universelles et les plus meur-

trières, se sont accordés à assurer que les enfans vaccinés ont par-tout échappé à la contagion. Dans Paris, cette année même, on sait que la fin de l'été et l'automne ont été remarquables par une épidémie variolique, funeste à un grand nombre d'enfans et d'adultes, et aucun exemple ne peut être cité d'enfans vaccinés atteints d'une contagion si répandue. Dans les deux quartiers les plus infectés de cette maladie, deux hôpitaux, celui des Enfans de la Patrie ou de la Pitié, celui des Orphelins ou des Enfans-Trouvés au faubourg Saint-Antoine, ont été rendus inaccessibles à l'épidémie par les soins du comité et l'inoculation de la vaccine.

Tel est le résultat d'une somme immense de faits qui ont été réunis depuis l'introduction de la vaccine en France.

Examen des faits qui ont fait élever quelques doutes sur la propriété préservative de la vaccine.

CEPENDANT il ne faut pas dissimuler que des objections, motivées en apparence sur quelques faits, se sont élevées, et ont été opposées par des hommes qu'il seroit trop injuste de soupçonner de mauvaise foi ; elles méritent donc que nous nous y arrêtions, et que nous fassions connoître en quoi consiste l'illusion qu'elles ont pu produire.

Tous les faits de cette nature que nous avons été dans le cas de vérifier, soit par nous-mêmes, soit par des personnes en état de le faire avec exactitude et impartialité, se sont réduits en dernière analyse aux trois circonstances suivantes :

1°. Le virus inoculé n'avoit point eu son effet, ou avoit eu pour résultat une pustule de la nature de la fausse vaccine ;

2°. Les maladies survenues après l'inoculation de la vaccine ont été prises pour la petite vérole, et ne l'étoient pas ;

3°. La petite vérole s'est développée avec la vaccine, avant que celle-ci eût pu produire son effet préservatif.

Ces trois circonstances ont besoin de quelques développemens.

Première source d'erreur. — *L'inoculation de la vaccine n'ayant pas eu un effet convenable.*

On conçoit aisément que pour que la préservation ait lieu, il faut que l'inoculation de la vaccine ait eu un plein succès ; et cependant beaucoup de ceux qui se sont élevés contre cette pratique n'ont pas eu égard à cette première condition, soit que l'opération n'ait été suivie d'aucun résultat, soit qu'elle n'ait point eu le résultat convenable.

Nous avons à cet égard plusieurs observations à présenter ici dans l'une et l'autre de ces suppositions.

Il a déja été remarqué que quelquefois il arrivoit que l'inoculation, faite avec beaucoup de soin, manquoit absolument son effet. Il est difficile de dire quelles conditions individuelles peuvent rendre ainsi l'opération in-

fructueuse : mais le fait existe. Premièrement, on a vu
l'inoculation de la vaccine échouer à plusieurs reprises,
et néanmoins, réitérée de nouveau, finir, sans cause
apparente, par avoir un succès complet, quoique les
premières inoculations eussent été faites avec autant de
soins et d'attention que les dernières. Dans ce cas, on
ne peut guère douter que si l'on n'eût pas insisté sur
l'inoculation de la vaccine, les personnes soumises à ces
épreuves n'eussent pu être atteintes de la petite vérole ;
c'est ce qui est arrivé à plusieurs individus chez lesquels
la vaccine n'avoit point eu de succès.

En second lieu, il est possible encore qu'au milieu
d'une éruption cutanée très-abondante, la vaccine man-
que son effet; et quoique cette inoculation ait réussi sur les
enfans, au milieu de gourmes très-considérables, on l'a vu
manquer dans ces mêmes circonstances, qui cependant
ne mettent pas à l'abri de la contagion variolique. Nous
avons vu une enfant de quelques mois, attaquée de la
petite vérole volante : il n'y avoit lieu à aucune méprise
sur ce point. La fièvre d'invasion avoit duré à peine un
jour avant l'apparition des premiers boutons; ils se succédèrent ensuite à diverses reprises, et toute l'éruption,
ainsi que la dessication, fut accomplie dans l'espace de
six à sept jours. Cette enfant fut vaccinée immédiatement
après, et la vaccine ne prit pas : elle le fut de nouveau,
à quinze jours de distance, avec aussi peu de succès.
La proximité de l'éruption de la petite vérole volante
fut-elle cause de ce défaut de réussite? L'opération avoit
cependant été faite avec tout le soin possible. Une épi-

démie varioleuse est survenue dans le quartier où de-
meuroit cette enfant; elle n'en a pas été atteinte; on
ne manquera pas de réitérer l'inoculation de la vaccine
sitôt que les circonstances le permettront.

Il est un troisième cas, c'est celui où des personnes
exposées antérieurement d'une manière plus ou moins
immédiate à la contagion de la petite vérole, sans avoir
contracté cette maladie, ou en ayant inutilement éprouvé
l'inoculation, ont aussi été soumises infructueusement à
l'inoculation de la vaccine, même à plusieurs reprises.
Nous avons été plusieurs fois témoins de ce fait. Doit-on,
après cette double épreuve, les regarder comme à l'abri
de la contagion variolique? nous n'osons l'assurer. Voici
cependant un cas dans lequel nous sommes très-portés
à concevoir cette confiance. Un jeune homme est pendant plusieurs jours exposé, ainsi que sa sœur, à la
contagion d'une petite vérole très-abondante dont étoit
couvert un de ses frères. L'un et l'autre sont atteints
de tous les symptômes précurseurs de la petite vérole.
La fièvre d'invasion, avec tous ses caractères, parcourt
ses périodes. La sœur a une éruption très-abondante
d'une petite vérole bénigne et discrète. Chez le jeune
homme, la fièvre est terminée par des sueurs excessives
et très-fétides, qui durent deux jours. Il ne se fait point
d'éruption. Depuis il n'a jamais fui la petite vérole, et
n'en a point été atteint. On lui a inoculé la vaccine,
et l'inoculation n'a eu pour effet qu'une légère inflammation avec douleur sous les aisselles, qui est survenue
presque aussitôt après l'insertion, et qui s'est éteinte après

le quatrième jour. D'autres personnes, inoculées avec
la même liqueur, le même jour et avec le même soin,
ont eu une vaccine très-bien caractérisée. Ici l'on voit
un exemple assez sensible de ce que Sydenham appeloit
febris variolosa sine variolarum eruptione. Un des enfans vaccinés dont nous avons donné ci-dessus l'histoire,
offre un semblable exemple, et nous avons lieu de penser
que, même chez les personnes qui ont eu la petite vérole,
une forte imprégnation de la contagion variolique peut
aussi produire une fièvre semblable. Ceci peut donner
lieu à plusieurs questions : 1°. la fièvre dont on vient
de parler est-elle la cause du peu d'effet qu'a eu l'inoculation de la vaccine, et doit-on regarder l'individu
qui est le sujet de cette observation, comme à l'abri de
la contagion variolique ? 2°. Toutes les fois que la vaccine
bien inoculée ne produit pas sur un individu la pustule
qui la caractérise, et cependant excite dans cet individu
des symptômes qui annoncent une activité sensible du
virus inoculé, tels que le gonflement douloureux des
glandes axillaires, avec une légère inflammation locale;
peut-on regarder ce sujet comme à la fois inhabile à
contracter la vaccine, et à l'abri de la contagion variolique ? On sait qu'il est des individus qui paroissent cons-
titutionnellement inaccessibles à la contagion variolique:
seroient-ils aussi impropres à contracter la vaccine ? Quoi
qu'il en soit, il est bien évident que toutes les fois que
l'inoculation de la vaccine n'a pour effet qu'une légère
inflammation locale, on doit la regarder comme n'ayant
point son résultat essentiel, et qu'on ne peut opposer

aux partisans de cette opération les cas où la petite
vérole s'est déclarée dans de pareilles circonstances.

Ce que nous venons d'établir relativement à l'inoculation dont l'effet est nul ou presque nul, doit être dit
également de celle qui est suivie d'une pustule diffé-
rente de celle de la vraie vaccine. On ne doit cependant
point regarder la suppuration qui se fait alors comme
le simple résultat de l'insertion d'un corps étranger,
puisque la liqueur de la pustule fausse étant insérée,
produit une pustule du même genre, mais dénuée, comme
la première, de toute propriété préservative. C'est cette
propriété de se propager d'une manière à peu près identique qui en a imposé dans les premiers temps à beaucoup
d'observateurs. Il existe une relation très-exacte des
résultats authentiques d'une suite d'inoculations, qui
prouve que des hommes célèbres, mais peu familiarisés
encore avec les phénomènes de cette opération, s'en
sont laissé imposer par ces trompeuses apparences, et
ont été entretenus ainsi dans une fausse sécurité. On
conçoit que de pareils témoignages ont pu donner lieu
à bien des réclamations peu fondées contre l'effet préservatif de la vaccine. Dans la plupart des cas sur lesquels
on établissoit ces réclamations, et dans lesquels la petite
vérole avoit succédé à la vaccination, on s'est assuré que
la fausse vaccine seule avoit eu lieu, et l'on s'en est
convaincu, 1°. par la description même des phénomènes
qu'elle avoit présentés dans son développement; 2°. en
se faisant rendre compte des circonstances qui avoient
accompagné le choix de la liqueur insérée, des qua-

lités caractéristiques de cette liqueur, de la manière dont on l'avoit recueillie, de la méthode qu'on avoit suivie dans sa conservation et sa transmission, du temps pendant lequel on l'avoit conservée avant l'insertion, des moyens employés quelquefois pour l'étendre et la dissoudre quand elle étoit sèche, et de l'époque à laquelle on l'avoit prise sur la pustule qui l'avoit fournie. Aucune des réclamations dont on a pu vérifier l'origine n'a été négligée, et toujours le résultat a conduit à reconnoître quelques-unes des méprises que nous avons indiquées.

DEUXIÈME SOURCE D'ERREUR. — *Des maladies prises mal à propos pour la petite vérole, étant survenues après la vaccination.*

UNE autre source d'erreur vient des maladies qui ont pu se déclarer après l'inoculation de la vaccine, et qu'on a quelquefois confondues avec la petite vérole.

Il en est deux qui ont pu donner lieu à des méprises. L'une est la petite vérole volante ; l'autre est une éruption de furoncles assez petits et assez répandus pour qu'on ait pu les confondre avec la petite vérole, faute d'une attention suffisante : l'une et l'autre méritent d'être ici décrites et comparées.

La petite vérole volante, quelle que soit son origine ou sa connexion avec la vraie petite vérole, n'est nullement préservative de celle-ci, et réciproquement la petite vérole ne préserve pas de la petite vérole volante : l'une et l'autre de ces deux maladies sont gé-

néralement exemptes de récidive : elles sont donc essen-
tiellement différentes.

La petite vérole volante commence avec des symptômes
assez semblables à ceux de la petite vérole : mais la fièvre
d'invasion n'a pas duré vingt-quatre heures que déja les
boutons poussent en diverses parties du corps, tandis
que, dans les petites véroles régulières, ils ne paroissent
qu'après le troisième jour expiré, et ordinairement dans
un ordre consécutif et régulier, à la face, à la poitrine
et enfin aux extrémités supérieures et inférieures. Dans la
petite vérole volante, au contraire, les boutons paroissent
successivement et indistinctement pendant cinq ou six
jours, chacun suivant isolément son période propre : les
premiers se sèchent déja quand de nouveaux paroissent,
et cette inégalité de marche ne se remarque pas seulement
dans toute l'étendue du corps, mais encore dans chaque
partie affectée. Un bouton naissant se trouve auprès du
bouton qui se sèche. Plusieurs ne parviennent point à
leur maturité ; beaucoup ne contiennent que de la séro-
sité, qui s'échappe et ne donne lieu qu'à une desquam-
mation légère ; d'autres se convertissent promptement
en croûte ; quelques-uns suppurent, et un très-petit
nombre laisse des stigmates durables. Je ne parlerai pas de
l'œdème, qui est rare dans la petite vérole volante, et
qui, dans la vraie petite vérole, a lieu presque constamment vers le cinquième jour de l'éruption, parce que,
pendant le dernier automne, l'intumescence œdémateuse
a accompagné épidémiquement toutes les maladies, et
l'on a pu voir par conséquent des petites véroles vo-

lantes accompagnées d'un gonflement semblable à celui
que présente presque toujours la petite vérole. On ne
nous objectera pas qu'il existe aussi des petites véroles
irrégulières ; qu'il en est dans lesquelles l'éruption se fait
à plusieurs reprises , et qui n'en sont pas moins des
petites véroles véritables. Car, premièrement, les reprises
d'éruption, quand elles ont lieu dans la petite vérole,
ne se font point isolément et par boutons, mais plus ou
moins généralement et par régions ; secondement, les petites véroles irrégulières sont toujours très-orageuses, et se
terminent souvent d'une manière ou fâcheuse ou funeste ;
au lieu que l'irrégularité de la petite vérole volante,
comparée à celle de la petite vérole, est presque toujours
exempte d'accidens et sans danger. Cependant, quelque
sensibles que soient les différences qui distinguent ces deux
maladies, nous avons vu des cas où des hommes qu'on devoit croire instruits se sont mépris complétement, et n'ont
pas hésité à donner à l'une de ces maladies le nom qui
n'appartient qu'à l'autre : mais l'épreuve irrécusable dans
ce cas est l'inoculation ; et toutes les fois qu'après la vaccine il se rencontre de semblables éruptions, il faut faire
tout son possible pour se procurer cette assurance.

Il est, comme nous l'avons dit, une seconde affec-
tion de la peau, qui a pu être prise pour la petite vérole,
et dont il faut ici tracer les différences. C'est une éruption de petits furoncles assez multipliés pour en imposer
au premier aspect. Nous la décrirons d'après une observation particulière. Un enfant avoit éprouvé l'inoculation de la vaccine, et elle avoit été suivie d'un effet

4

complet; mais il étoit resté pâle et d'une santé équivoque:
au bout de quelque temps, il est attaqué de fièvre, de
vomissemens, de lassitudes, et en même temps d'un clou
ou furoncle considérable au-dessus du flanc gauche. Ce
furoncle ne vient pas à suppuration; il s'affaisse et s'é-
teint, et, vers le troisième jour de la fièvre, surviennent
à l'entour du furoncle presque évanoui une multitude
de petits boutons rouges, durs, pointus, la pointe se
terminant en une petite vésicule qui suppure et se change
en croûte. Cette éruption se répand du flanc sur les épaules,
sur les cuisses et sur les jambes, et, vers le huitième jour,
presque tous avoient suppuré, et étoient dans l'état de
dessiccation; cependant quelques-uns se succédèrent depuis, et il en existoit encore le vingt-unième jour, auquel
nous les vîmes. Le huitième jour, un médecin instruit
fut appelé, et l'aspect général de cette éruption lui fit
dire que c'étoit la petite vérole. C'étoit la première fois
qu'il voyoit l'enfant, et il ne l'a pas revu depuis. Mais
voici ce que nous observerons sur la description exacte
qui nous en a été donnée par la mère d'après nos questions, et sur les restes de cette éruption que nous avons
été à portée d'examiner. 1º. Aucun des boutons n'a
gagné la face; 2º. il existoit encore sous nos yeux, le
vingt-unième jour, des boutons semblables à ceux qui
avoient composé cette éruption; ces boutons étoient
rouges, durs et comme de petits furoncles qui ont in-
complétement suppuré; 3º. ceux qui ont composé cette
éruption étoient élevés, durs, et, au milieu de leur suppuration, présentoient une vésicule purulente, montée

sur une base rouge rénitente qui ne s'est point fondue dans la vésicule, et n'a point participé à la suppuration. Or il est de fait que, dans la petite vérole, la totalité du bouton enflammé se convertit toujours entièrement en une vésicule purulente, qu'il n'y reste point de base dure et élevée, et la rougeur qui, dans la suppuration accomplie, s'étend autour des boutons, et en remplit les intervalles, n'est que superficielle et comme érysipélateuse. 4°. Les boutons de l'enfant dont nous parlons n'ont point laissé de stigmates larges, comme ceux qui caractérisent les traces de la petite vérole sur le corps et les parties couvertes, mais seulement, et en très-petite quantité, quelques points comme ceux qui succèdent à de petits furoncles. 5°. L'enfant malade a été en outre affecté d'une enflure générale, même au visage où il ne s'étoit pas manifesté de boutons; mais cette enflure, outre qu'elle a été comme constitutionnelle dans les maladies de cet automne, ainsi que nous l'avons remarqué, ne se manifeste, dans la petite vérole, que dans les parties où les boutons se portent. A la vérité, la mère nous a assuré qu'il s'étoit porté des rougeurs au visage et aux mains, qui, disoit-elle, avoient disparu par l'effet du froid: mais c'est ce qui justement n'arrive jamais à ces parties dans la petite vérole; car on sait que la plupart du temps l'air libre même favorise la plénitude de l'éruption, et que le visage, toujours découvert et exposé à l'air, n'en est pas moins la partie du corps communément la plus chargée de l'éruption varioleuse. 6°. Enfin l'enfant cacochyme et d'une santé chancelante, s'est rétabli par-

faitement à la suite de cette éruption, qui semble avoir
été une terminaison critique du dérangement de santé
qui l'avoit tourmenté jusqu'alors : c'est ce qui ne con-
vient pas en général à la petite vérole qui, survenant
également au milieu de la plus parfaite santé, ne semble
ordinairement point préparée par une suite d'incommo-
dités antérieures à son éruption.

Nous avons cru devoir insister sur la description de
ces deux maladies, susceptibles d'être confondues avec
la petite vérole, pour prévenir les méprises auxquelles
elles pourroient donner lieu par la suite.

Troisième source d'erreur. — *Le développement de la petite vérole coïncidant avec celui de la
vaccine.*

Un troisième ordre de circonstances peut donner lieu
à des objections spécieuses contre la propriété préservative de la vaccine : c'est la coïncidence de la petite vérole
et de la vaccine elle-même. A cet égard, nous savons
que le comité de la vaccine a fait un grand nombre
d'expériences dont il donnera un détail, sur lequel nous
n'anticiperons pas. Nous dirons seulement que le développement de la vaccine peut se partager en plusieurs
périodes ; la première depuis l'insertion jusqu'au développement des boutons. Cette période est ordinairement
de quatre jours, mais beaucoup de circonstances peuvent
la prolonger considérablement. Il est clair que pendant
ce temps la contagion varioleuse peut avoir lieu, et

que dans cet intervalle l'on ne peut compter aucune-
ment sur la propriété préservative de la vaccine. La seconde période s'étend depuis le premier développement
du bouton jusqu'à la formation de l'aréole qui l'entoure,
et cette période comprend encore l'espace de quatre à
cinq jours. C'est dans ce temps que les douleurs des aisselles se font principalement ressentir. Un mouvement
fébrile, ou au moins une agitation assez forte, accom-
pagne le premier développement du bouton, et un nou-
vel accès de fièvre se manifeste communément au moment de la formation de l'aréole, qui paroît en être la
crise. La troisième période s'étend depuis la formation
de l'aréole jusqu'à la conversion de la pustule en croûte;
ce qui s'opère encore dans l'espace de quatre à cinq jours.
Le reste, jusqu'à la chute de la croûte, présente une
durée d'à peu près huit à dix jours.

Des expériences semblent prouver que l'infection varioleuse peut encore avoir lieu pendant la seconde période, mais la formation de l'aréole paroît en être le
terme. Les expériences exactes, tentées par le comité,
présenteront, à cet égard, des résultats certains. Que
l'on calcule donc, à dater du moment de l'insertion
jusqu'au moment du développement de l'aréole, pour
la possibilité d'effectuer encore la contagion variolique;
qu'on y ajoute le temps nécessaire au développement
de ce virus, que l'on évalue en général à sept jours : et
l'on aura l'étendue de temps pendant lequel l'on peut
encore craindre que l'infection variolique ne se con-
tracte, ou, contractée, ne puisse encore se développer.

Car des expériences ont démontré que le virus variolique et le virus vaccin, inoculés en même temps, ou même mêlés ensemble, dans une même insertion, se développoient séparément et distinctement, sans s'unir et sans s'altérer réciproquement. Nous ne parlons pas de ce fait comme témoins, mais comme en ayant été instruits par les communications que nous avons eues avec plusieurs membres du comité de la vaccine.

On conçoit maintenant qu'il est nécessairement un espace de temps pendant lequel, à dater de l'insertion du vaccin, la petite vérole peut encore et se contracter, et se développer, sans que son apparition et sa coïncidence avec la vaccine puissent devenir une objection contre la propriété préservative de celle-ci.

Des variétés dans le développement de la vaccine.

La vaccine, quoique constante dans ses caractères, présente quelques variétés dans sa marche et dans ses effets. Nous avons déja dit, sans pouvoir déterminer en quel cas, qu'il étoit des circonstances qui sembloient anéantir l'effet de l'insertion, et qui ne s'opposoient pas à ce qu'elle réussît dans un temps plus opportun. Mais, ce qui est plus remarquable, il en est qui ne font que suspendre et retarder le développement de la vaccine. Une enfant d'une constitution foible et délicate (1), immé-

---

(1) Ce fait est arrivé à l'enfant et à l'épouse de notre collègue le citoyen Sabatier.

diatement après l'inoculation , est prise d'un travail de
dentition très-orageux. L'inoculation reste suspendue au
point que l'on ne doute pas qu'elle n'ait manqué son
effet , tandis qu'inoculée en même temps et par la même
liqueur , la mère avoit éprouvé tous les effets qu'on peut
attendre d'une insertion bien faite. Ce n'est qu'au trei-
zième jour , dans un moment où l'orage de la dentition
vient à se suspendre , que le bouton se développe au milieu d'un calme d'environ deux fois vingt-quatre heures :
bientôt après l'enfant est agitée par de nouveaux orages,
marqués par tous les accidens qui accompagnent , dans
les enfans délicats , une dentition pénible : le dévoie-
ment, les défaillances , les mouvemens spasmodiques et
une foiblesse extrême , faisoient craindre pour ses jours ;
néanmoins le bouton de la vaccine , une fois développé ,
suit toutes ses périodes , forme la vésicule , s'entoure de
son aréole , sans que sa marche paroisse désormais éprouver la moindre irrégularité de la part des accidens qui
tourmentoient la malade. Seulement le bouton et l'aréole
ont été d'un rouge plus pâle , mais la vésicule a pris sa
forme ordinaire et s'est séchée comme dans tous les autres
enfans.

On a encore vu , et nous en avons été également témoins, des boutons nés de piqûres faites dans une même
inoculation , soit au même bras , soit à des bras différens , se développer à des époques assez distantes les
unes des autres , et présenter également les caractères
distinctifs de la véritable vaccine.

Les variétés de volume ou d'étendue , soit du bouton ,

soit de l'aréole , diversifient les phénomènes de la vaccine , mais ne changent rien à sa nature ; le degré de
fluidité de la liqueur est également variable. Nous en
avons vu de très-fluide, quoique toujours visqueuse , et
semblable à de l'eau gommée ; nous en avons vu au
contraire de tellement consistante , qu'elle se concrétoit
au sortir de la vésicule , sans perdre sa transparence et
sa limpidité, comme la gomme sur l'écorce des arbres ;
néanmoins l'une comme l'autre liqueur inoculée pro-
gageoit également une véritable vaccine. Enfin, on a
dit avoir vu des boutons de vaccine qui s'étoient formés
à des endroits qui n'avoient point été atteints par la
lancette. Plusieurs pensent (ce qui nous a été confirmé
par notre propre expérience,) que la plupart de ces boutons sont venus d'éraflures faites involontairement dans
des parties où l'on n'avoit point eu dessein de porter
l'instrument , ou que les enfans se grattant ont porté la
liqueur sur des parties entamées. Quelques observateurs
ont cité des exemples de vaccines éruptives , dans lesquelles ils pensent qu'il n'y avoit lieu à aucun de ces
soupçons, et dont tous les boutons , de même nature ,
se sont trouvés, disent-ils, propres à propager la vaccine. On nous a assuré que , dans un enfant sur qui la
piqûre n'eut son effet que le dix-huitième jour après
l'insertion , le développement fut accompagné d'une
fièvre et d'accidens assez graves , et fut aussi remarquable par une éruption de plusieurs boutons qu'on a
regardés comme des pustules de vaccine, et qui étoient
placés autre part qu'aux piqûres.

Il existe encore des différences remarquables dans les symptômes accessoires de la vaccine : ainsi l'on voit des érysipèles, des œdèmes douloureux, s'emparer quelquefois du membre, et lorsque les enfans ont arraché et beaucoup tourmenté la pustule, celle-ci est souvent suivie d'une suppuration qui est étrangère à l'effet naturel de la vaccine. Nous ne parlons pas ici de ces éruptions dont il a été tant question, et qui ont eu lieu à l'hôpital des inoculés du docteur Woodville : on est presque généralement convenu qu'on ne devoit les regarder que comme un résultat des circonstances environnantes dans lesquelles s'étoit faite l'inoculation dans cet hôpital, et il paroît qu'elles ne se sont pas reproduites hors du concours de ces influences.

Mais quelles que soient les variétés accessoires ou accidentelles qui ont accompagné la vaccine, elle a toujours eu par-tout et constamment les mêmes caractères essentiels : et par-tout où ces caractères ont été incomplets, elle a toujours été regardée comme fausse, et n'a point conservé l'effet préservatif, apanage de la vraie vaccine.

De l'influence des maladies sur la vaccine et de la vaccine sur les maladies.

Il nous reste à parler d'un dernier objet de recherches, c'est l'influence que les maladies dont un sujet est affecté pourroient exercer sur la vaccine, et celle que la vaccine peut avoir réciproquement sur le développement et la marche de certaines maladies.

Quant au premier point, nous avons vu que, dans quelques cas, des circonstances inconnues, peut-être aussi des maladies cutanées, avoient paru influer sur le développement du bouton, et même le faire avorter ; nous avons vu encore que les tourmens de la dentition, et peut-être quelques autres mouvemens de l'économie animale, paroissoient suspendre la formation du bouton, et retarder les périodes de la vaccine : mais l'expérience a démontré que, dans aucune circonstance, la nature de la vaccine n'en étoit altérée. La liqueur même, extraite du bouton, mêlée à celle de diverses éruptions cutanées, quelles qu'elles soient, et ensuite inoculée, ne présente aucune différence dans ses effets, et produit à part un bouton de véritable vaccine, tandis que les affections propres au virus mélangé se développent d'autre part. Les expériences relatives à ce fait singulier seront détaillées dans le rapport que doit publier le comité. Ainsi, les maladies étrangères à la vaccine, de quelque manière qu'elles l'affectent dans son développement, n'exercent, par leur combinaison et leur complication, aucune influence sur sa nature et ses propriétés.

Quant à l'influence de la vaccine sur les maladies au milieu desquelles elle se développe, il est bon d'observer que quelques personnes ont cru remarquer que la dentition, toutes choses égales, en éprouvoit une accé-

lération notable; on a cru voir les gourmes des enfans
sortir alors avec plus d'abondance, quelquefois au contraire se terminer absolument et sans retour. On cite des
maladies habituelles dissipées au milieu de la vaccine,
et, d'autre part, il a semblé que des dispositions cachées
se manifestoient alors, comme dans l'éruption de furoncles, dont nous avons parlé précédemment; il faut
cependant dire que l'on a souvent attribué à la vaccine
des effets qui lui étoient absolument étrangers, et qui
n'étoient évidemment que les résultats des circonstances
dans lesquelles elle avoit été inoculée. La première année que la vaccine fut répandue généralement à Paris,
il régnoit un grand nombre de maladies éruptives de
nature très-différente; on vit même alors une maladie
assez rare parmi nous, le *Pemphygus*. Plusieurs enfans
vaccinés en furent atteints, mais plusieurs autres qui
n'avoient pas été soumis à la vaccine l'éprouvèrent également
lement; étoit-il raisonnable de l'attribuer à la vaccine?
Au reste, si l'influence de la vaccine sur les progrès
de la dentition, et sur quelques éruptions cutanées se
confirmoit, qu'en faudroit-il conclure, sinon qu'elle
augmenteroit l'action organique, et qu'elle donneroit
plus d'activité à ces mouvemens, dont les effets sensibles ont été désignés en médecine par le mot de dépu-
rations? Il est difficile de comprendre comment cet effet
pourroit devenir nuisible, sur-tout si l'enfant est placé
sous des yeux clairvoyans et confié à des soins intel-
ligens. Ces circonstances d'ailleurs sont extrêmement

rares ; le nombre des enfans qui en sont exempts est incomparablement plus grand que celui des enfans dans lesquels elles se rencontrent : les accidens qu'elles présentent ne sont donc pas essentiels à la vaccine, ne résultent point de sa nature, et l'on ne doit pas plus les lui attribuer, qu'on ne doit lui attribuer la complication des épidémies concurrentes, et les chances communes de la mortalité ordinaire, sur laquelle encore elle aura l'avantage de soustraire toute celle qui dépend de la petite vérole, et que l'on évalue, parmi les enfans, toute compensation faite, à $\frac{1}{7}$ de la mortalité commune.

Ainsi l'innocuité de la vaccine est un fait presque aussi bien constaté que sa propriété préservative ; il est fondé, non seulement sur ce qu'elle n'est point contagieuse, et ne se propage que par l'insertion immédiate, mais encore sur ce qu'elle n'a aucune suite fâcheuse qui lui soit propre, aucune conséquence redoutable. Ces deux considérations lui donnent un avantage immense sur l'inoculation. Si donc on considère dans la mortalité en général, et particulièrement dans celle des premiers âges, quelle proportion appartient à la petite vérole, indépendamment de ses suites déplorables, et des traces hideuses qu'elle laisse sur un grand nombre de ceux dont elle épargne la vie, on concevra combien est précieuse la découverte de la vaccine, par l'espoir qu'elle nous donne de voir enfin disparoître un des plus tristes fléaux dont ait pu gémir l'humanité ; on concevra combien il est important d'en propager la pratique, et de dissiper les préjugés qui pourroient s'opposer encore à son adoption parmi le peuple ; combien il est de l'intérêt des Gouvernemens de favoriser, et même, par une institution spéciale, de procurer par ce moyen l'extirpation entière de la petite vérole.

Un autre sentiment qui doit s'élever dans l'ame de tous ceux qui réfléchissent sur des avantages si grands et si inattendus, est celui de la reconnoissance pour l'homme par lequel l'humanité entière se trouve en possession de ce bienfait. S'il est un pays qui ait droit plus spécialement de se glorifier de sa découverte, il n'en est aucun qui ne lui doive un tribut égal de gratitude ; les avantages que chaque contrée en retire sont en proportion de sa population. A quelle nation en Europe appartient-il plus qu'à la nation française de lui donner des témoignages éclatans de sa reconnoissance et de son estime ? N'en doit-elle pas également à ceux qui ont concouru à la propagation de cette opération conservatrice, au docteur Woodville, qui, pendant les fureurs de la guerre, est venu reproduire au milieu de nous le germe de la vaccine échappé de nos mains; au citoyen Liancourt, ce patriote plein de zèle, qui en a provoqué l'introduction et la propagation, et en a procuré la conservation par une souscription bienfaisante ; enfin aux membres du comité des souscripteurs, dont le zèle, les lumières, l'activité, en ont étendu la pratique avec un désintéressement au-dessus de nos éloges ?

Nous proposons à l'Institut de mettre ces considérations sous les yeux du Gouvernement, dont la sagesse déterminera l'organisation convenable des moyens qui nous sont donnés de délivrer enfin l'humanité d'un des fléaux les plus destructeurs, et dont la justice saura proportionner les témoignages de la reconnoissance publique à l'importance des services rendus et à la grandeur de la nation dont il est l'organe.

Signé, PORTAL, FOURCROY, HUZARD, HALLÉ.

TABLE.

RAPPORT, etc.   page 1

Introduction de l'inoculation de la vaccine en France,
                                                                              2

*Moyens employés pour vérifier les propriétés de cette
    inoculation,*   6

*Description de la vaccine, et distinction de la vraie
    d'avec la fausse,*   9

EXTRAIT du procès-verbal de la classe des sciences
mathématiques et physiques.

Séance du 23 ventose an 11.

LA classe, après avoir entendu le rapport fait au nom
d'une commission nommée pour l'examen de la méthode
de préserver de la petite vérole par l'inoculation de la
vaccine, arrête que ce rapport sera imprimé à ses frais,
et distribué aux membres de l'Institut.

Pour extrait conforme.

Signé, DELAMBRE, secrétaire perpétuel.